炫彩风格家装

清新雅致

客厅
餐厅
卧室

◎锐扬图书 编

炫酷的精选案例鉴赏
多彩的空间美学潮流

海峡出版发行集团 | 福建科学技术出版社
THE STRAITS PUBLISHING & DISTRIBUTING GROUP | FUJIAN SCIENCE & TECHNOLOGY PUBLISHING HOUSE

图书在版编目（CIP）数据

炫彩风格家装. 清新雅致 / 锐扬图书编. —福州：福建科学技术出版社，2016. 3

ISBN 978-7-5335-4954-1

Ⅰ. ①炫… Ⅱ. ①锐… Ⅲ. ①住宅 – 室内装饰设计 – 图集 Ⅳ. ①TU241-64

中国版本图书馆CIP数据核字（2016）第038205号

书　　名　炫彩风格家装·清新雅致
编　　者　锐扬图书
出版发行　海峡出版发行集团
　　　　　福建科学技术出版社
社　　址　福州市东水路76号（邮编350001）
网　　址　www.fjstp.com
经　　销　福建新华发行（集团）有限责任公司
印　　刷　福州德安彩色印刷有限公司
开　　本　889毫米 × 1194毫米　1/16
印　　张　8
图　　文　128码
版　　次　2016年3月第1版
印　　次　2016年3月第1次印刷
书　　号　ISBN 978-7-5335-4954-1
定　　价　39.80元

Tips

Contents 目录

客厅

炫彩风格家装

清新雅致

雕花银镜

米白色玻化砖

米黄大理石

黑色烤漆玻璃

木纹大理石

仿木纹玻化砖

艺术壁纸
白色玻化砖

白色乳胶漆
羊毛地毯

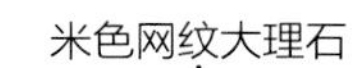
米色网纹大理石

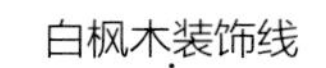
白枫木装饰线

Tips

客厅设计应该遵循什么原则

客厅一般可划分为会客区、用餐区、学习区等功能区。会客区应适当靠外一些，用餐区接近厨房，学习区只占客厅的一个角落。在满足客厅多功能需求的同时，还应注意整个客厅的协调统一。各个功能区域的局部美化装饰应注意服从整体的视觉美感。客厅的色彩设计需要有一个基调，采用什么色彩作为基调，应体现主人的爱好。一般的居室色调都采用较淡雅或偏冷的色调。向南的居室有充足的日照，可采用偏冷的色调，朝北居室可采用偏暖的色调。色调主要是通过地面、墙面、顶面来体现的，而装饰品、家具等只起调剂、补充的作用。总之，客厅设计要做到舒适方便、热情亲切、丰富充实，给人以温馨祥和的感受。

有色乳胶漆
水曲柳饰面板

装饰茶镜

马赛克

艺术壁纸

有色乳胶漆
羊毛地毯

装饰灰镜

装饰茶镜

艺术壁纸

泰柚木金刚板

条纹壁纸

白枫木装饰线
米色亚光玻化砖

艺术壁纸
灰镜装饰线

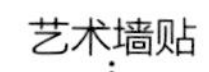
艺术墙贴

马赛克

艺术壁纸

灰白洞石

米色大理石

白色乳胶漆

白色玻化砖
艺术壁纸

肌理壁纸

深啡网纹大理石波打线

布艺软包

木纹大理石

有色乳胶漆

木质踢脚线

白色乳胶漆

艺术壁纸

白枫木饰面板拓缝

有色乳胶漆

黑色胡桃木饰面板

白色乳胶漆
米色玻化砖

白色乳胶漆
装饰银镜

白色乳胶漆

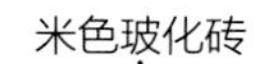
米色玻化砖

Tips

清新装修风格的特点

清新装修风格以单种着色作为基本色调，如白色、浅黄色等，给人以纯净、文雅的感觉，可以增加室内的亮度，容易使人产生乐观的情绪；也可以很好地对比衬托，调和鲜艳的色彩，产生美好的节奏感及韵律感，像一个干净的舞台，最大限度地表现陈设的品质、灯具的光亮、色彩的活力。许多准备装修的房主会把清新装修风格与简约风格相混淆，两者虽然有共同之处，但在细节上还是有很大区别的。清新装修风格既有简约风格的大方实用性，又为室内增添了一些鲜活与温暖的气氛。

爵士白大理石
艺术壁纸

有色乳胶漆

羊毛地毯

白色乳胶漆

装饰灰镜
中花白大理石

中花白大理石

白桦木饰面板

肌理壁纸

米色网纹大理石

水曲柳饰面板

羊毛地毯

镜面马赛克
米色玻化砖

文化石
沙比利金刚板

米色网纹大理石

茶色烤漆玻璃

马赛克

雪弗板雕花隔断

白色乳胶漆

艺术壁纸

肌理壁纸

有色乳胶漆

水曲柳饰面板

银镜装饰线

艺术壁纸

有色乳胶漆

装饰茶镜

仿木纹玻化砖

艺术壁纸

车边银镜

木质窗棂造型隔断

泰柚木金刚板

有色乳胶漆

木质格栅

白色玻化砖

石膏板浮雕

有色乳胶漆

装饰银镜
白枫木窗棂造型

爵士白大理石

黑镜踢脚线

石膏装饰线

米白洞石

艺术壁纸

仿古墙砖

装饰灰镜

布艺软包

艺术壁纸

装饰灰镜

白色乳胶漆

雪弗板雕花

中花白大理石

米黄色玻化砖

泰柚木饰面板

Tips

如何体现客厅的清新感

客厅的地板与墙壁都应采用大面积色块，搭配花朵图案的沙发、地毯，色系可选用渐进色，协调统一观感。地板不宜选用大面积过深的颜色，避免让客厅色彩变得凝重、缺乏活力。墙面可选用浅色壁纸或几何图案壁纸，切忌与客厅整体颜色不一致。在客厅的茶几上可以铺上柔色的桌布，营造童话般的氛围。还可以搭配青色的茶杯与花朵图案的碟子，小细节里充满春天般清新的气息。

装饰银镜

有色乳胶漆

艺术壁纸

装饰银镜

中花白大理石

肌理壁纸

米色网纹大理石

白枫木装饰线

布艺软包

艺术地毯

雪弗板雕花贴银镜

有色乳胶漆

爵士白大理石

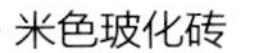
米色玻化砖

灰镜装饰线

艺术壁纸

肌理壁纸
白色玻化砖

艺术地毯

条纹壁纸

条纹壁纸

米色玻化砖

艺术壁纸

灰镜装饰线

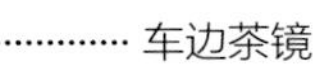

雪弗板雕花隔断

仿古砖

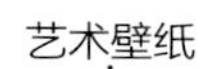

白色乳胶漆

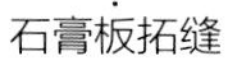

石膏板拓缝

白枫木窗棂造型

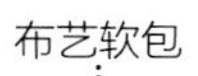

布艺软包

雕花烤漆玻璃

条纹壁纸

深啡网纹大理石

中花白大理石

条纹壁纸

布艺软包

泰柚木饰面板

有色乳胶漆

有色乳胶漆

仿木纹玻化砖

白色乳胶漆

装饰茶镜

有色乳胶漆
红橡木金刚板

石膏板拓缝
米色亚光玻化砖

艺术壁纸
米黄洞石

条纹壁纸
羊毛地毯

米色大理石

石膏板拓缝

茶镜装饰线

白枫木装饰线密排

条纹壁纸

白枫木格栅

Tips

清新风格客厅地面的色彩设计

1.家庭的整体装修风格是确定地面明度的首要因素。深色调地面的感染力和表现力强，个性鲜明；浅色调地面清新典雅。

2.地面颜色与家具互相搭配。地面颜色要能够衬托家具的颜色：浅色家具可与深浅颜色的地面任意组合；深色家具与深色地面的搭配则要格外注意，以免整体感觉沉闷压抑。

3.客厅的采光条件也限制了地面颜色的选择，尤其是楼层较低、采光不充分的客厅，更要注意选择亮度较高、颜色适宜的地面材料，尽可能避免使用颜色较暗的材料。

雪弗板雕花贴黑镜

白色人造大理石

布艺软包

艺术壁纸

艺术壁纸

黑色烤漆玻璃

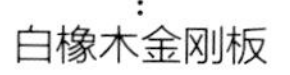
白橡木金刚板

黑色烤漆玻璃

石膏板拓缝
艺术壁纸

艺术壁纸

中花白大理石装饰线

白色乳胶漆

羊毛地毯

石膏板拓缝

艺术壁纸

直纹斑马木饰面板

艺术壁纸

雪弗板造型隔断

灰白色玻化砖

石膏顶角线

灰镜装饰线

白枫木装饰线

白色人造大理石

米黄洞石

艺术壁纸

木质窗棂造型贴灰镜

木质踢脚线

艺术壁纸

深啡网纹大理石波打线

米黄网纹大理石

泰柚木金刚板

装饰灰镜

木纹大理石

艺术墙贴

白色乳胶漆

条纹壁纸

仿古砖

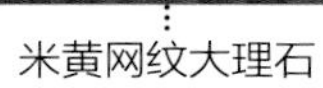

米黄网纹大理石

米色玻化砖

马赛克

有色乳胶漆

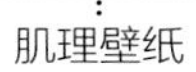

肌理壁纸

艺术壁纸

米色网纹大理石

泰柚木饰面板

白色乳胶漆

爵士白大理石

艺术壁纸
马赛克

灰镜装饰线
白色人造大理石

白色玻化砖

有色乳胶漆

木纹大理石

雪弗板雕花

黑色烤漆玻璃

雕花烤漆玻璃

Tips

铺设实木地板的注意事项

1.施工前，装饰材料一定要选择经过干燥、防腐、防虫处理后的品种和型号，材料板块间的色差越小越好。在铺设之前，室内所有的“湿作业”要全部结束，预埋件要按设计要求埋设到位，抹灰的干燥程度要达到八成以上，门窗玻璃要安装完毕，弹出水平标高线。

2.铺设木龙骨时，应注意与地面预埋件的紧密结合。

3.铺设龙骨的，应注意龙骨的疏密程度，以及与主格栅的连接是否紧密、牢固。

4.刻好通风槽，注意顺序、方位及方向的一致性。

5.铺装隔板(大芯板)，注意隔板与木龙骨结合处应紧密、牢固。

6.铺装时，要注意按顺序铺装，有花色、图案要求的地板块应事先标好序号。在木地板边缘与墙面的垂直夹角处，要预留10毫米左右的膨胀槽，以防木地板因受热、受潮后翘曲。

艺术壁纸

白色人造大理石

艺术壁纸

白色亚光墙砖

米黄色大理石

米色玻化砖

白色人造大理石

车边灰镜

白枫木装饰线

皮革软包

直纹斑马木饰面板

艺术壁纸

白色玻化砖
肌理壁纸

有色乳胶漆

米色玻化砖

艺术壁纸

黑色烤漆玻璃
白橡木金刚板

灰白色洞石
布艺软包

黑镜装饰线
密度板树干造型

雪弗板雕花

布艺软包

雕花清玻璃

木纹大理石

艺术壁纸

米色亚光玻化砖

艺术壁纸

白色亚光墙砖
有色乳胶漆

混纺地毯

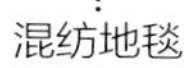

艺术壁纸

雪弗板雕花
马赛克

有色乳胶漆
马赛克

石膏板拓缝
雪弗板雕花贴灰镜

肌理壁纸

车边银镜

餐厅

清新雅致

仿木纹玻化砖

有色乳胶漆

木质搁板

马赛克

肌理壁纸

有色乳胶漆

大理石踢脚线

艺术壁纸

木质踢脚线

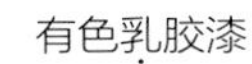

有色乳胶漆

车边银镜

有色乳胶漆

木质踢脚线

雕花银镜

铝制百叶

Tips

如何设计餐厅的灯光

一般房间的层高如果较低，则宜选择筒灯或吸顶灯作主光源。如果餐厅空间狭小，餐桌又靠墙，则可以借助壁灯与筒灯的巧妙搭配来获得照明的需求，处理得当的话，一点也不比吊灯的美化效果弱。在选择餐厅吊灯时，要根据餐桌的尺寸来确定灯具的大小。餐桌较长，宜选用一排由多个小吊灯组成的款式，而且每个小灯分别由开关控制，这样就可以依用餐需要开启相应的吊灯盏数了；如果是折叠式餐桌，那就可以选择可伸缩的不锈钢圆形吊灯来随时根据需要扩大光照空间；而单盏吊灯或风铃形的吊灯就比较适合与方形或圆形餐桌搭配。

米色网纹玻化砖

有色壁纸

有色乳胶漆

雪弗板雕花隔断

白色乳胶漆

木纹大理石

大理石踢脚线

有色乳胶漆

黑色烤漆玻璃

米色玻化砖

米色抛光墙砖

红橡木金刚板

布艺软包
木纹大理石

白色乳胶漆

有色乳胶漆

胡桃木装饰假梁

肌理壁纸
磨砂玻璃

白橡木金刚板

泰柚木饰面板

泰柚木饰面垭口
米色玻化砖

雪弗板树干造型贴茶镜

米色大理石

有色乳胶漆

石膏板拓缝

有色乳胶漆

米色玻化砖

雪弗板雕花

车边银镜

胡桃木饰面板

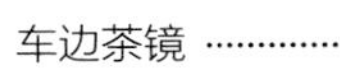

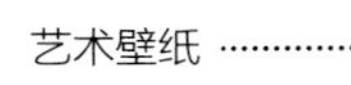

冰裂纹玻璃

白枫木窗棂造型

马赛克

银镜装饰线

米色玻化砖

Tips

餐厅的色彩设计应注意什么

在就餐时，色彩对人们的心理影响是很大的，餐厅色彩能影响人们就餐时的情绪，因此餐厅装修绝不能忽略色彩的作用。餐厅墙面的色彩设计因个人爱好与性格不同而有较大的差异。但总的来讲，墙面的色彩应以明朗轻快的色调为主，经常采用的是橙色以及相同色相的“姐妹”色。这些色彩都有刺激食欲的功效，它们不仅能给人温馨感，而且能提高进餐者的兴致，促进人们之间的情感交流。当然，在不同的时间、季节及心理状态下，对色彩的感受会有所变化，这时可利用灯光的折射效果来调节室内色彩气氛。

仿古砖

车边银镜

肌理壁纸

有色乳胶漆

木质搁板

米色玻化砖

米色亚光玻化砖

黑胡桃木饰面板

艺术壁纸

木质踢脚线

白枫木饰面板

米白色玻化砖

艺术壁纸
大理石踢脚线

大理石踢脚线

有色乳胶漆

白橡木金刚板

车边茶镜
米色大理石

艺术壁纸

木质踢脚线

马赛克

肌理壁纸

浅啡网纹大理石

艺术壁纸

黑镜吊顶

灰白色网纹玻化砖

有色乳胶漆

木质踢脚线

装饰灰镜

石膏板肌理造型

白色乳胶漆

米色亚光玻化砖

白色玻化砖

雪弗板造型隔断

有色乳胶漆

沙比利金刚板

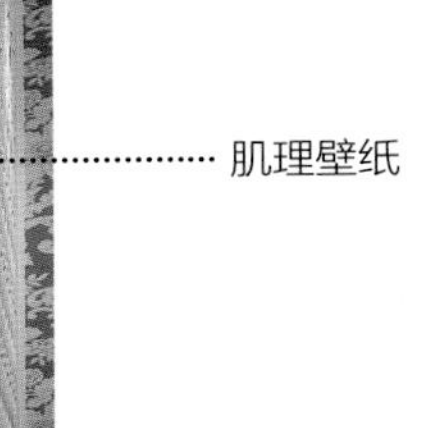
肌理壁纸

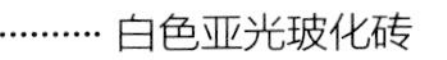
白色亚光玻化砖

白色亚光墙砖
泰柚木金刚板

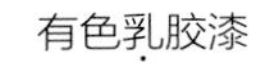
有色乳胶漆

米色玻化砖

白枫木饰面板

车边灰镜

车边银镜

白色乳胶漆

如何划分、设计餐厅的空间

最好能单独开辟出一间作餐厅，但有些住宅并没有独立的餐厅，有的是与客厅连在一起，有的则是与厨房连在一起。在这种情况下，可以通过一些装饰手段来人为地划分出一个相对独立的就餐区，如通过吊顶，使就餐区的高度与客厅或厨房不同；通过地面铺设不同色彩、不同质地、不同高度的装饰材料，在视觉上把就餐区与客厅或厨房区分开；通过不同色彩、不同类型的灯光，来界定就餐区的范围；通过屏风、隔断，在空间上分割出就餐区等。

装饰茶镜

白枫木饰面板

白色乳胶漆

车边银镜

米色玻化砖

白枫木饰面板

车边银镜

浅啡网纹大理石波打线

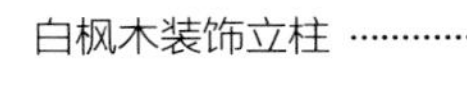

白枫木装饰立柱

米色玻化砖

有色乳胶漆

木质踢脚线

米色亚光玻化砖

木质踢脚线

有色乳胶漆

大理石踢脚线

车边灰镜

胡桃木饰面板

雪弗板雕花隔断
红橡木金刚板

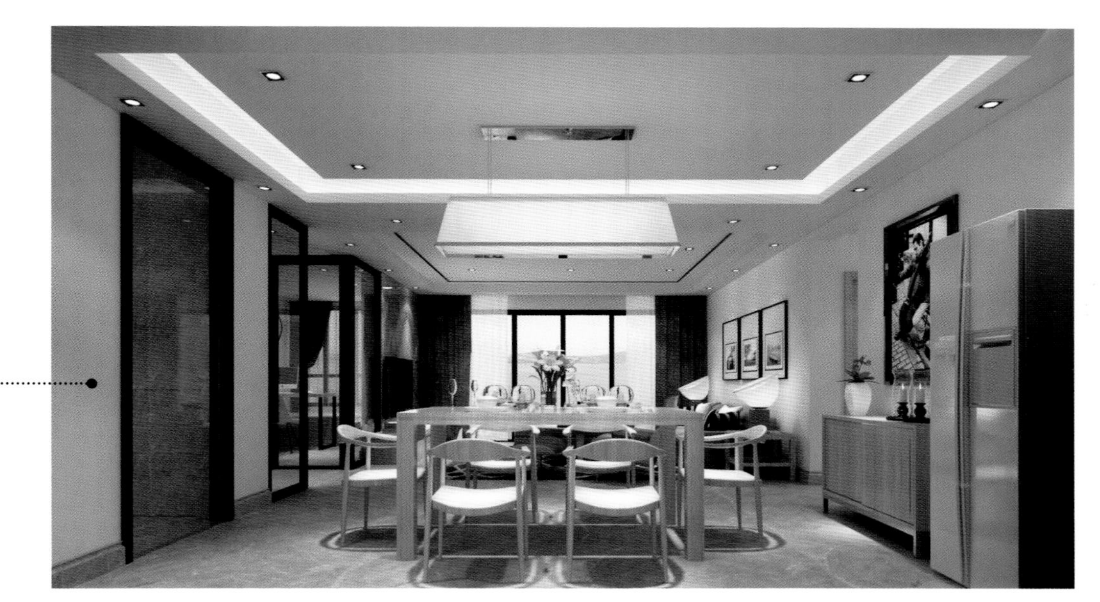
白色乳胶漆

有色乳胶漆

茶镜吊顶

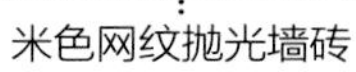

米色网纹抛光墙砖

有色乳胶漆

白色乳胶漆

仿古砖

雪弗板雕花贴银镜

米色玻化砖

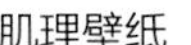

肌理壁纸

大理石踢脚线

木质踢脚线

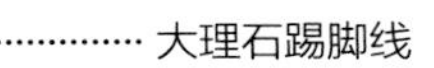

红橡木金刚板

白色乳胶漆

米黄色玻化砖

车边灰镜
白色波浪板

PEARL HARBOR
车边银镜
米色亚光玻化砖

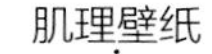

有色乳胶漆

肌理壁纸

艺术壁纸

米色亚光玻化砖

木质搁板

磨砂玻璃

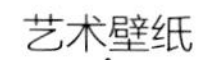

艺术壁纸

Tips

餐厅设计要遵循什么原则

餐厅设计要遵循使用方便的原则。就餐区不管设在哪里，有一点是共同的，就是必须靠近厨房，以便于上菜。除餐桌、餐椅外，餐厅还应配上餐饮柜，用来存放部分餐具、酒水饮料以及酒杯、起盖器、餐巾纸等辅助用品。

条纹壁纸

水晶装饰珠帘

雪弗板造型隔断

中花白大理石

白色玻化砖

艺术壁纸

装饰茶镜

木质踢脚线

胡桃木饰面板

米色亚光玻化砖

肌理壁纸

米色网纹玻化砖

泰柚木饰面板

深啡网纹玻化砖

车边银镜

肌理壁纸

木质踢脚线

有色乳胶漆

白色玻化砖

深啡网纹大理石

雕花银镜

艺术壁纸

条纹壁纸

白枫木窗棂造型

白橡木金刚板

白色乳胶漆

灰白色网纹玻化砖

米色抛光墙砖

车边茶镜吊顶

泰柚木金刚板

仿木纹玻化砖

木质踢脚线

水曲柳饰面板

米白色玻化砖

白色抛光墙砖
白色玻化砖

有色乳胶漆
木质踢脚线

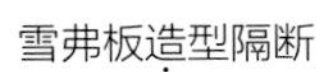
雪弗板造型隔断

中花白大理石

Tips

如何设计餐厅墙面

创造具有文化品位的生活环境，是室内设计的一个重点。在现代家庭中，餐厅已日益成为重要的活动场所。餐厅不仅是全家人共同进餐的地方，而且也是宴请亲朋好友、交谈与休息的地方。餐厅墙面的装饰手法除了要依据餐厅整体设计这一基本原则外，还特别要考虑到餐厅的实用功能和美化效果。此外，餐厅墙面的装饰要注意突出自己的风格，这与装饰材料的选择有很大关系，显现天然纹理的原木材料，会透出自然淳朴的气息；而深色墙面，显得风格典雅，气韵深沉，富有浓郁的东方情调。

艺术壁纸

茶镜吊顶

有色乳胶漆

米色玻化砖

车边银镜
白色玻化砖

大理石踢脚线

有色乳胶漆

马赛克
有色乳胶漆

黑镜装饰线
艺术壁纸

有色乳胶漆

白枫木装饰线

白枫木窗棂造型

白色玻化砖

卧室

炫彩风格家装

清新雅致

布艺软包

装饰硬包

皮革软包

白枫木装饰线

艺术壁纸

艺术壁纸

木质装饰线描银

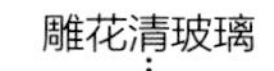

艺术壁纸

布艺软包

雕花清玻璃

布艺软包

木质踢脚线

艺术壁纸

Tips

卧室整体色调设计需要注意什么

在卧室的色调配置上，常常采用低纯度、高明度的色彩来处理顶棚或墙面等背景部分，而色彩织物及家具选择相对高纯度、低明度的，这种选择能够突出主体，扩大空间，即以虚的空间衬托实的主体，以实的主体与背景的虚化对比推远空间。卧室的色调主要由家具、墙面、地面三部分组成，首先要在这三部分中确定一个主色调，其次是确定室内的重点色彩，也就是中心色彩。卧室一般以床上用品为中心色，如床罩为杏黄色，那么，卧室中的其他织物应尽可能用浅色调的同种色，如米黄色、咖啡色等，最好是织物采用同一种图案。另外，还可以运用人对色彩产生的不同心理、生理感受来进行设计，以营造舒适的卧室环境。

肌理壁纸

木质踢脚线

皮革软包

布艺软包

装饰银镜

艺术壁纸

有色乳胶漆

有色乳胶漆

艺术壁纸

艺术壁纸

木质踢脚线

白枫木装饰线

布艺软包

布艺软包

装饰银镜

车边银镜

布艺软包

白色乳胶漆

艺术壁纸

肌理壁纸

石膏顶角线

布艺软包

布艺软包

羊毛地毯

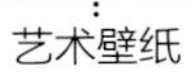

艺术壁纸

白色乳胶漆

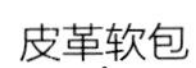

皮革软包

石膏装饰线

肌理壁纸

装饰硬包

艺术地毯

艺术壁纸

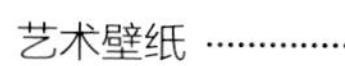
艺术壁纸

红橡木金刚板

布艺软包

白枫木装饰线

车边银镜

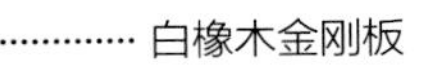
白橡木金刚板

肌理壁纸
布艺软包

石膏顶角线

木质装饰线

肌理壁纸

白枫木百叶

有色乳胶漆

雕花灰镜

Tips

卧室墙面设计应该注意什么

卧室墙面设计上不一定要多么富丽奢华，简单的花朵背景墙就能让人感到温暖；一幅简单却寓意玄妙的抽象几何画也能让卧室看起来充满艺术气质。中式风格的卧室里也无需水墨山水画，一首白纸黑字的诗词就是最好的装饰，素净而文雅。浪漫一派可以用曲线柔美的铁艺饰品，简单一挂，墙面立即变得娇媚，令人过目不忘。

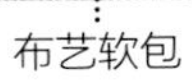

布艺软包

装饰黑镜

艺术壁纸

皮革软包

木质踢脚线

艺术壁纸

皮革软包

皮革软包
艺术壁纸

布艺软包
艺术地毯

泰柚木金刚板
有色乳胶漆

布艺软包

装饰银镜

白枫木百叶

皮革软包
艺术壁纸

艺术壁纸

木质踢脚线

白枫木格栅

车边茶镜

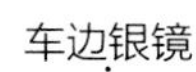

车边银镜

皮革软包

艺术壁纸

红橡木金刚板

白枫木装饰线

布艺软包

石膏板拓缝

雪弗板雕花贴茶镜

白橡木金刚板

布艺软包

艺术壁纸

红橡木金刚板

皮革软包

木质搁板
白枫木百叶

镜面马赛克
布艺软包

布艺软包

雪弗板雕花

Tips

卧室床头背景墙施工应该注意什么

卧室床头背景墙可按床宽选择适宜的高度，背景也可以一直到顶。同时，要预先布好灯线，留出灯头电源及开关线源或其他插座的电源线。按照预定的宽度、高度把木龙骨做成井字排架，木排架的纵横间距应在300毫米左右，然后钉上一般的三合板。在平整的胶合板板面上，用带有塑料泡沫底子的壁布粘贴。由于泡沫壁布有一定的厚度，且具弹性，因此，可预先在其上缝纫出线形，分割成适宜的浮雕状几何图案。粘贴固定之后，周边用木线压封住，或根据房间的总体效果采用细白钢管来圈定边框并加以固定。

艺术壁纸

仿洞石玻化砖

有色乳胶漆

肌理壁纸

白枫木装饰线

皮革软包

白枫木百叶

红橡木金刚板

胡桃木饰面板

混纺地毯

艺术壁纸

仿木纹玻化砖

有色乳胶漆

艺术壁纸

皮革软包

白枫木装饰线

银镜装饰线

肌理壁纸

皮革软包

艺术壁纸

有色乳胶漆

布艺软包

有色乳胶漆

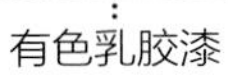

有色乳胶漆

布艺软包

艺术壁纸

泰柚木金刚板

肌理壁纸

肌理壁纸

羊毛地毯

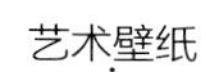

艺术壁纸

皮革软包

皮革软包

艺术地毯

布艺软包
红橡木金刚板

肌理壁纸
白橡木金刚板

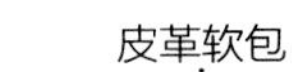

雪弗板雕花

皮革软包

艺术壁纸

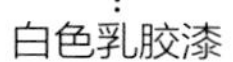

有色乳胶漆

有色乳胶漆

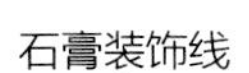

Tips

面积偏小的卧室墙面宜选择什么样的壁纸图案

对于面积较小的卧室，使用冷色壁纸会使空间看起来更大一些。此外，使用一些亮色或者浅淡的暖色加上一些小碎花图案的壁纸，也会达到这种效果。中间色系的壁纸加上点缀性的暖色小碎花，通过图案的色彩对比，会巧妙地转移人们的视线，在不知不觉中扩大了原本狭小的空间。

皮革软包

白枫木百叶

艺术壁纸

钢化玻璃

装饰硬包

白枫木装饰线

装饰茶镜

装饰灰镜

桦木饰面板

艺术壁纸

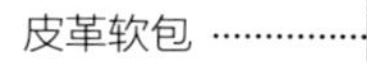

皮革软包

泰柚木金刚板

艺术壁纸

原木百叶

艺术壁纸

有色乳胶漆

艺术壁纸

白色乳胶漆

车边灰镜

皮革软包

有色乳胶漆

木质踢脚线

艺术壁纸

皮革软包

有色乳胶漆

皮革软包

艺术壁纸

木质踢脚线

艺术壁纸

沙比利金刚板

艺术壁纸
红橡木金刚板

皮革软包

白枫木百叶

石膏板拓缝
艺术壁纸

有色乳胶漆

艺术壁纸

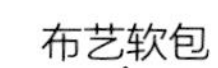

布艺软包

艺术壁纸

肌理壁纸

黑镜装饰线

艺术壁纸

木质踢脚线

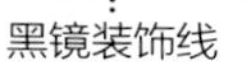

如何选购壁纸

选购壁纸时应考虑所购壁纸是否符合环保、健康的要求，质量性能指标是否合格。消费者在选购时不妨通过看、摸、擦、闻四种方法检查壁纸质量。

1.看。首先要看是否经过权威部门的有害物质限量检测，其次看其产品是否存在瑕疵，好的壁纸看上去自然、舒适且立体感强。

2.摸。用手触摸壁纸，感觉其是否厚实，以及左右厚薄是否一致。

3.擦。用微湿的布稍用力擦纸面，如果出现脱色或脱层现象，则说明其耐摩擦性能不好。

4.闻。闻一下壁纸是否有异味。

艺术壁纸

黑色烤漆玻璃

车边银镜

艺术地毯

装饰硬包

竹木金刚板

石膏浮雕

条纹壁纸

条纹壁纸
沙比利金刚板

艺术壁纸
木质踢脚线

艺术地毯

石膏板拓缝

装饰硬包

黑胡桃木金刚板

艺术壁纸

白枫木百叶